MÉMOIRE

DE NOUVELLES EXPÉRIENCES

RELATIVES

AU CLAVEAU,

Lu à la Société d'Agriculture de Seine et Oise,

Dans sa Séance du 25 Août 1806,

Par M. JOUVENCEL, Associé.

A VERSAILLES,

De l'Imprimerie de la Société d'Agriculture de Seine et
Oise, chez J.-P. Jacob, place d'Armes, n.° 8.

SOCIÉTÉ D'AGRICULTURE,

A VERSAILLES,

Séance du 25 Août 1806.

MÉMOIRE
SUR LE CLAVEAU,

PAR M. JOUVENCEL, Associé.

MESSIEURS,

A peine une année s'est écoulée depuis vos Expériences solemnelles sur le Claveau, que plusieurs Propriétaires de troupeaux se sont déjà trouvés dans le cas d'en mettre à profit les résultats : moi-même je viens d'en faire l'application sur un lot de soixante-neuf brebis (1) qui me sont arrivées du Roussillon avec

---

(1) J'en avais reçu soixante-dix, mais une est morte du tournis, deux jours après leur arrivée.

cette maladie, vers la fin de juin. Cet accident m'a donné occasion de faire des épreuves qui, naturellement, font suite à vos expériences ; car mon but a été le même que celui que vous vous êtes proposé, après qu'il a fallu renoncer à l'espoir flatteur qu'avait donné la Vaccine, puisqu'il ne s'agissait plus alors que de sauver des ravages de la clavelée, le plus de bêtes possible. Pour y parvenir, j'ai suivi le même système et j'ai employé les mêmes moyens que vous, sous la direction de notre collègue et habile Vétérinaire, M. *Valois*, et même de M. *Voisin*, dont le zèle vous est si bien connu, qui a eu la bonté d'aider nos opérations de ses lumières, et d'y jeter un coup-d'œil observateur, pour en tirer parti pour les progrès de la science.

Le 26 juin et jours suivans, le claveau s'est déclaré successivement sur plusieurs bêtes de ce petit troupeau. M. *Valois*, qui a constaté la maladie et à qui j'ai manifesté l'intention d'inoculer toutes ces bêtes, que je gardais dans l'intérieur de mon parc de Chevincourt (1), m'a prescrit le régime, et a remis l'opération à quelques jours, pour mieux connaître le caractère de la maladie et laisser mûrir les boutons ou pustules.

(1) Chevincourt est situé dans la Commune de S.-Remy, près Chevreuse.

Quatorze de ces brebis ont eu d'abord la maladie naturellement ; sur une seule elle a été un peu confluente ; une autre a eu une pustule claveleuse sur la gencive inférieure, qui a ébranlé toutes ses dents. On l'a nourrie à part avec du son et des herbes tendres, et en bassinant souvent sa gencive avec de l'eau miellée et légèrement vinaigrée ; malgré ces soins, cinq à six jours après, le mal s'étant aggravé, elle est morte, ne pouvant plus prendre de nourriture. Ses dents ébranlées et la gencive noire ont fait soupçonner à M. *Valois*, qu'il devait *s'y* être mêlé une humeur scorbutique.

Le 10 juillet, nous avons inoculé le reste du troupeau, mais les sujets malades ayant fourni très-peu de matière purulente liquide, nous avons eu beaucoup de peine à faire notre opération ; il a fallu nous contenter d'insérer entre l'épiderme et le derme, des matières desséchées en croûte, et de ne faire qu'une ou deux piqûres sur chaque individu.

Le 20 juillet, j'ai *visité* une à une toutes ces brebis ; j'ai reconnu que la clavelée ne s'était développée que sur vingt et une seulement des bêtes inoculées, et qu'elle présentait sur toutes des aspects différens.

Une avait onze petites pustules rapprochées à l'aisselle, autour des piqûres de l'inoculation, et rien ailleurs ; une autre avait une grosse tumeur sur une piqûre, et rien sur le restant du corps,

Sur deux brebis, les grosses tumeurs sur les piqûres étaient alongées, elles faisaient chapelet le
long du ventre, il n'y avait rien ailleurs.

Sur cinq les pustules s'étaient formées sur les
piqûres comme sur les autres parties du corps qui
en étaient couvertes.

Enfin, il y en avait une douzaine sur lesquelles
on ne reconnaissait la maladie que par quelques
boutons ou pustules éparses, indépendantes des piqûres de l'inoculation sur lesquelles on ne voyait
aucun travail.

Il restait trente-quatre brebis sur lesquelles le
claveau n'avait point pris, soit que la matière que
nous avions été obligés d'employer fût peu propre
à faire naître la maladie, ou bien qu'en se frottant
après l'inoculation, les brebis aient fait dessécher
la lymphe autour des piqûres par où le virus devait se communiquer à l'individu.

Aucun des symptômes de la maladie ne s'étant
déclaré sur ces trente-quatre bêtes, le 22 juillet,
époque où M. *Voisin* est venu voir les effets de
la clavelisation de ce petit troupeau, nous nous
sommes empressés de leur réitérer l'inoculation
avec de la matière puriforme et limpide que nous
fournissaient les malades.

M. *Voisin* a reconnu que plusieurs d'entr'elles
avaient de la fièvre et un commencement d'éruption universelle, mais qui ne pouvait être considérée

comme l'effet de l'ancienne inoculation ; d'autres portaient sur le nez et les lèvres des marques presque certaines qu'elles avaient déjà eu jadis cette maladie. Nonobstant cela , nous leur avons fait les piqûres et insinué de nouveau le virus claveleux (1).

Le 27 juillet , j'ai visité ces trente-quatre bêtes , qui avaient subi la deuxième inoculation ; j'en ai vu seize sur lesquelles la maladie s'était développée d'une manière très-énergique , par de grosses tumeurs sur les piqûres seulement , et pas un bouton n'avait paru sur le restant du corps.

—————

(1) Il résulte de l'inoculation claveleuse pratiquée sur le petit troupeau de M. *Jouvencel*, qu'il avait perdu une brebis du claveau avant l'inoculation ; que l'inoculation a été pratiquée un peu tard , à l'époque où les bêtes clavelées naturellement commençaient à entrer en dessiccation ; qu'il n'a pas été possible d'extraire assez de matière claveleuse pour les bien inoculer toutes ; que , sur soixante-neuf bêtes inoculées , le plus petit nombre a eu le claveau local et inoculé , prononcé par de grosses pustules ou tumeurs , sur les piqûres seulement , sans éruption étrangère aux piqûres ; que celles qui n'avaient pas ce travail local , qui en avaient un plus faible aux piqûres , avaient une éruption universelle.

Comme le développement de la clavelisation n'a point été constaté jour par jour , il en résulte qu'on ne peut donner les différences qui ont dû avoir lieu entre le développement du claveau local , et du claveau universel.

J'ai vu ce petit troupeau claveleux le 22 juillet 1806 ,

1.....

Sur quatre, l'effet était moins grand, mais cependant assez visible pour prouver que les individus en étaient bien atteints ; il y avait d'ailleurs quelques petites pustules sur toutes les parties de leurs corps.

---

c'est-à-dire, le treizième jour de la première inoculation. Sur trente-quatre, vingt-cinq ou vingt-six ont été inoculées de nouveau par moi, à l'aisselle droite, par deux piqûres, avec de la matière fraîche extraite à l'instant de deux bêtes dont les pustules étaient en pleine suppuration ; trois ont été inoculées, quoiqu'elles eussent de la chaleur, du météorisme, c'est-à-dire, paraissant menacées de l'invasion du claveau naturel ; sur trois ou quatre autres, l'éruption était déjà faite et paraissait confluente. Sur une de ces bêtes la première inoculation n'avait point réussi, attendu que des cicatrices anciennes sur les lèvres, annonçaient qu'elle avait en déjà le claveau ; elle fut néanmoins inoculée, afin d'obtenir un nouvel exemple de non-récidive.

On sait que la marche du claveau inoculé est plus rapide que celle du claveau naturel.

C'est le troisième jour, au plus tard, que les pustules des piqûres se développent ; quand ce développement n'arrive point du troisième au cinquième jour, on doit en conclure que l'inoculation a été faite sans succès ; c'est le cas de se presser de recommencer, pour éviter l'infection naturelle des autres bêtes qui ont échappé à la première attaque ou bouffée, ou tant, comme on le dit vulgairement. Cela est d'autant plus utile, que l'expérience a appris malheureusement que les bêtes prises à la seconde époque de l'infection, courent plus de danger que celles infectées à la première et à la troisième époque.

Pour ne point manquer de matière claveleuse pour ino-

Sur trois autres l'invasion commençait à se pro-
noncer par des exanthémes et rougeurs sur la peau,

---

culer un grand troupeau menacé d'une infection générale,
ne serait-il point nécessaire que les vétérinaires, à l'instar
des inoculateurs, eussent le soin de recueillir de la matière
claveleuse sur des bêtes infectées d'une manière bénigne,
afin d'être toujours en état d'inoculer à propos un grand
troupeau? On éviterait, par cette précaution, ce qui est
arrivé au troupeau de M. *Jouvencel*; c'est que presque toutes
les bêtes sur lesquelles l'inoculation a été pratiquée sans
succès, faute de quantité suffisante de matière claveleuse,
ont été prises de la clavelée naturelle.

C'est en vain que des portions de croûtes desséchées de
pustules claveleuses ont été insérées dans les piqûres; pour
que la clavelisation soit suivie de succès, il faut que la
matière soit insérée sous forme liquide. Cette matière, pour
agir convenablement, doit être absorbée par des pores ou
des vaisseaux d'une finesse extrême. Comment concevoir,
d'après cela, qu'ils aient de l'action sur une matière
concrète? Ainsi donc, quand, au défaut de matière claveleuse récente et fluide, on se trouvera forcé d'employer
des croûtes de pustules desséchées, ou de la matière concrète
conservée pour cet usage, il faudra avoir le soin, avant
de procéder à l'opération, de broyer ces croûtes ou cette
matière, de la délayer légèrement avec un peu d'eau très-
propre, de manière à lui donner la consistance, à-peu-près,
du pus ordinaire; avec ces précautions, on pourra prévenir
la seconde époque de l'infection d'un troupeau, qui com-
mence à se développer du quinzième au vingtième jour de
la première, et assurer le succès de cette méthode salutaire.

VOISIN.

I.....

ailleurs que sur les piqûres, et avec toute l'apparence du claveau naturel et confluent (1).

Enfin, le 2 août, j'avais encore onze brebis sur lesquelles l'on n'appercevait aucun travail claveleux; j'ai alors recommencé de moi-même, et pour la troisième fois, l'inoculation sur neuf de ces brebis. Je n'ai pas cru devoir insister davantage à inoculer les deux autres, parce qu'il était facile de voir sur leurs lèvres des signes indubitables qu'elles avaient eu cette maladie anciennement (2).

Le 6 août, j'ai examiné de nouveau ces neuf bêtes, inoculées à trois reprises différentes.

Sur 4 d'entr'elles, les piqûres présentaient un commencement de travail, mais on n'en voyait aucun sur les cinq autres; en conséquence je les ai inoculées encore pour la quatrième fois.

Dans les visites que nous avons faites les 16 et

____

(1) Lorsque nous procédâmes à la deuxième inoculation, plusieurs bêtes qui devaient y être soumises, ne purent être reconnues. Ces trois bêtes ne seraient-elles point celles qu'on ne put attraper, et qui n'ayant point été clavelisées, contractèrent le claveau naturel ? V.***

(2) Le défaut d'action du virus claveleux sur ces deux bêtes, est une nouvelle preuve qu'elles ne sont point susceptibles d'avoir deux fois la clavelée. V.***

17 août, nous nous sommes assurés qu'une seule avait pris la maladie, et qu'elle portait sur cette brebis comme sur les quatre ci-dessus, tous les caractéres du claveau inoculé : l'inflammation locale s'est bien prononcée, et les tumeurs ont suivi leur développement ordinaire, sans aucun accident.

Les quatre autres n'ont rien eu, du moins d'une manière apparente, malgré toutes nos tentatives multipliées par l'inoculation et une cohabitation de près de deux mois avec les autres bêtes clavelisées.

Mais, à cette époque, je me suis apperçu que deux des trois malheureuses brebis qui, après avoir été inoculées deux fois infructueusement, avaient été prises ensuite de la clavelée naturelle, par l'éruption générale que j'avais observée le 27 juillet ; ces deux brebis, dis-je, étaient dans un état effrayant, parce que les pustules claveleuses s'étaient formées dans la bouche, de manière qu'elles en souffraient beaucoup, et qu'elles ne pouvaient presque plus manger : la troisième avait une maladie très-bénigne. Il a fallu donner les soins les plus particuliers aux deux malades : le choix de la nourriture ne leur a pas été épargné ; on leur administrait de légers cordiaux d'infusion de petite sauge, de miel et de vin, et deux fois par jour on leur bassinait la bouche avec une décoction de quinquina (1). Les 16, 17

---

(1) Le quinquina étant rare et cher, on indique comme

1....

et 18 août ont été des jours inquiétans, sur-tout pour l'une des deux, qui paraissait devoir succomber; mais dès le 19, elle a cessé de jeter par la bouche l'espèce d'écume ou de pus qui en sortait, et petit-à-petit, les jours suivans, elles se sont parfaitement rétablies l'une et l'autre.

En résultat définitif, sur les soixante-neuf brebis composant ce petit troupeau, lors de la maladie, six ont résisté à tous mes efforts pour leur donner le claveau, ou bien, si elles en ont été affectées, cela a été imperceptible à nos yeux.

Vingt-cinq ont eu le claveau local, portant bien exactement les caractères du claveau inoculé, c'est-à-dire, que les tumeurs ne se sont formées que sur les piqûres seulement; qu'elles se sont ensuite converties en escarres purulentes, suivies de plaies ulcéreuses; le tout sans aucun accident grave.

Neuf l'ont eu par éruption générale et des pustules éparses sur toutes les parties du corps, autant que sur les piqûres, de manière que l'on peut douter

---

moyen d'y suppléer avec succès, *la poudre des fleurs de camomille et de crème de tartre bouillies dans l'eau avec du sel sédatif.* Je n'ai employé le quinquina que pour les deux brebis en question, dont le mal à la bouche me paraissait très-inquiétant; quant aux escarres et plaies venues par excoriations, je les ai fait panser simplement avec une légère infusion de sureau.   V.***

si leur maladie a été l'effet de l'inoculation que nous avons exercée sur elles, ou bien simplement celui de la contagion naturelle (1) ; elles n'ont éprouvé aucun autre accident, pas plus que celles sur qui l'inoculation avait eu un parfait développement.

Vingt-neuf ont pris la clavelée, on peut dire naturellement, car rien n'a annoncé un travail quelconque sur les piqûres de l'inoculation, ni aux environs ; et même, de ce nombre, quatorze l'ont été avant que cette opération eût pu être pratiquée ; il en est mort une que nos soins n'ont pu sauver.

Il est donc bien constant, Messieurs, que soixante-trois brebis roussillonaises ont effectivement essuyé chez moi toutes les crises du claveau en deux mois, après avoir été fatiguées par un long voyage de 180 lieues (2), et que, de ce nombre, une seule est morte

---

(1) On a acquis, l'année dernière, la certitude que l'inoculation du claveau ne borne point son action à produire un travail local; que ce travail est quelquefois accompagné d'une éruption discrète de pustules claveleuses ; que même il arrive, très-rarement à la vérité, que l'inoculation donne lieu à une éruption confluente.   V.***

(2) L'état de ces Bêtes était si pitoyable à leur arrivée, que la laine tombait de dessus leur corps, et les toisons étaient si imprégnées de poussière, qu'il n'a pas été possible de les vendre avant que de les avoir fait laver ; elles pesaient de sept à huit livres en suint, qui se sont réduites à deux livres environ après le lavage.   V.***

victime de cette contagion ; encore pouvons-nous présumer, avec quelque raison, qu'un vice scorbutique a occasionné sa perte, autant et plus même que la clavelée.

Je suis peut-être, Messieurs, le premier Propriétaire qui a perdu si peu de Bêtes dans le cours de cette maladie si effroyable par les ravages qu'elle exerce chez les fermiers ; on ne citerait guères que votre troupeau des Expériences, où il n'en a péri qu'une sur les 85 Bêtes auxquelles vous avez fait subir la clavelisation (1).

A quoi attribuerons-nous ce grand succès, si ce n'est à la bonté du régime auquel elles ont été soumises, et à l'inoculation qui, en attirant l'humeur de la maladie sur les parties les moins sensibles du corps, a empêché qu'elle ne portât sa malignité sur les yeux, dans le nez, la gorge et les organes internes ?

---

(1) Le troupeau national de Rambouillet, pris de la clavelée en 1786, lors de son arrivée, a perdu, malgré tous les soins qu'on a pu lui donner, 35 Brebis sur 140 mères, outre la mortalité de 60 de leurs Agneaux, et la maladie s'y est prolongée plus de quatre mois, depuis le 20 septembre jusqu'à la fin de janvier 1787. Il n'est pas douteux maintenant qu'il n'aurait pas essuyé cette perte, si l'on avait pris le parti d'inoculer tout le troupeau aussitôt que la maladie s'est déclarée.   V.***

Sans doute la saison a été favorable, et la com-
modité d'un grand parc pour promener à l'ombre
les animaux malades, tout cela a dû contribuer à
leur guérison. Déjà les Fermiers et les Bergers,
entichés de leur ancienne routine, m'objectent cela;
mais non, Messieurs, ce n'est point là où il faut
chercher les seuls remèdes préservatifs ou curatifs
de cette désastreuse maladie? On adapte le régime
à la saison où l'on se trouve; et les terres, friches
et pâtures d'une ferme valent souvent mieux que
nos beaux parcs, qui n'ont presque que des allées
étroites et couvertes. Ce qui les trompe, et sur quoi
ils sont, on peut le dire, incorrigibles, c'est sur
la chaleur effervescente qu'ils s'obstinent à donner
aux Bêtes malades, c'est sur leurs faux calculs du
fumier, c'est enfin sur la confiance aveugle qu'ils
ont dans les remèdes secrets de leurs Bergers, qui
compliquent la maladie au lieu de l'adoucir. Ici,
l'on étouffe un troupeau dans une bergerie fermée
presque hermétiquement; là, on entasse litière sur
litière, sous le prétexte qu'en laissant trois ou
quatre pieds de fumier dans l'étable ou dans la
bergerie, cet engrais doit acquérir de la force et
être en même temps un stimulant pour faire sortir
la maladie. Les malheureux! ils ne voient pas que
cette chaleur qu'ils recherchent tant, que ce tas
de fumier dont l'exhalaison infecte corrompt l'air
si nécessaire à la vie et à la santé des animaux,

sont les véritables causes bien directes et bien réelles de la mortalité de leur bétail, parce qu'elles font porter à la tête la fièvre et la violence du mal.

Mon premier soin, lorsque la maladie s'est déclarée, a été d'écarter le Berger qui, d'ailleurs, avait mon principal troupeau à gouverner dans la ferme. J'ai confié le soin de mes malades à un enfant de 14 ou 15 ans, qui, n'étant point Berger par état, n'était imbu d'aucun de leurs préjugés, et a été plus docile à suivre nos instructions.

Le troupeau ne sortait le matin qu'après avoir mangé à la bergerie un peu de fourrage sec; il restait dehors jusqu'à une heure, et pendant la chaleur il était tenu à l'ombre sous des arbres; il rentrait ensuite jusqu'à quatre heures dans une bergerie ouverte jour et nuit au grand air; à quatre heures on donnait un peu de son mêlé avec de l'avoine, et le troupeau sortait ensuite jusqu'au soir.

Ainsi, les Bêtes malades ont toujours mangé du fourrage sec ou de la provende avant que de sortir, ce qui les a empêchées de paître avec trop d'avidité, et a prévenu le danger des mauvaises digestions, assez fréquentes même chez les herbivores en bonne santé. Pour toute boisson, je leur faisais donner de l'eau acidulée avec du vinaigre, et dans laquelle on avait délayé un peu de farine ou même

de son ; on la leur renouvelait trois fois par jour,
et souvent, dans le fort de la maladie, on y ajou-
tait du miel.

Enfin, chaque fois que le troupeau rentrait à
la bergerie, il trouvait une litière fraîche, et les
rateliers garnis de paille d'avoine pour amuser les
Brebis qui n'avaient pas satisfait leur appétit aux
champs.

Je n'ai éprouvé de véritables inquiétudes, dans
le cours de cette maladie, que pour les deux Brebis
qui ont eu des pustules dans la bouche, et pour
cinq à six autres qui, étant excessivement fatiguées,
maigres et faibles, ont essuyé la clavelée confluente :
une entr'autres a paru avoir la poitrine affectée ;
elle faisait entendre un râlement pénible, et avait
les yeux rouges et chassieux avec le flux nasal. Je
les ai soutenues par un supplément de nourriture
que je leur faisais donner à part des autres, et
des cordiaux d'eau miellée et de vin ; on administrait même à cette dernière, deux fois par jour,
une potion d'infusion de petite sauge et de vin
miellé ; elles ont toutes repris assez promptement
leurs forces et de l'appétit.

Tout mon régime, Messieurs, ainsi que le pan-
sement des escarres, a été conforme à ce qui était
indiqué dans le résumé de vos Expériences, à la
suite du Rapport qui vous a été fait l'année der-

nière par notre digne collègue M. *Voisin*, au nom
de votre Commission spéciale : je ne pense pas que
l'on puisse mieux faire que de le suivre en tout point.

J'ai observé particulièrement sur des Bêtes qui
ont eu le claveau naturel, qu'il leur survenait des
pustules secondaires, même après que les premières
avaient commencé à sécher ; j'ai aussi remarqué
sur ces mêmes Bêtes, que peu de pustules venaient
à suppuration ; la plupart semblaient se fondre sous
la peau de l'animal.

J'ai trouvé que l'aspect des tumeurs résultantes
de l'inoculation, avait quelque chose d'effrayant
depuis le huitième jusqu'au quinzième jour ; mais
j'ai aussi bien reconnu que plus ce travail local
était considérable, moins il y a eu d'éruption générale : c'est un des grands avantages que l'on obtient
par l'inoculation, puisque cela diminue les craintes
que l'on pourrait avoir pour la tête et les poumons,
regardés comme les parties du corps sur lesquelles
le claveau occasionne le plus d'accidens fâcheux.

Le travail de la suppuration, chez les Bêtes inoculées, a été très-long ; quelques-unes des croûtes
qui ont succédé à la chûte des escarres, sont res-
tées encore plus d'un mois avant que de tomber en
desquamation (1).

____

(1) En examinant l'espèce d'anthrax qui se forme sur

S'il était possible de garantir les Bêtes clavelisées des effets de la démangeaison, on obtiendrait beaucoup plus promptement la guérison des plaies qui résultent du travail local. Par suite de cette démangeaison, ces animaux frottent leurs plaies contre les arbres, les ronces, ou les déchirent avec leurs dents, ce qui retarde la guérison.

Quand la maladie s'est établie par éruption générale et naturelle, sa marche a été plus rapide à mes yeux et m'a donné moins d'inquiétude, parce que, quelque nombreuses que fussent les pustules, elles venaient à dessiccation du douzième au quinzième jour après l'éruption, et ne tardaient pas à tomber entièrement.

Je crois maintenant, Messieurs, d'après ce que

---

les piqûres de l'inoculation, quand elle prend un grand caractère, et en voyant ensuite l'immense suppuration qui s'établit sous quelques-unes des tumeurs, suivie de la sortie d'un gros bourbillon à la chute des escarres ; on conçoit sans peine que ceux qui avaient anciennement tenté l'inoculation du claveau, ont pu y renoncer dans des temps où l'on ne sentait pas toute l'importance d'un bon régime pour les Bêtes malades. Maintenant que les progrès de la médecine vétérinaire prouvent que l'on peut ne point perdre de Bêtes en les soignant bien, et qu'en six semaines ou deux mois au plus on peut se débarrasser de la contagion, qui peut hésiter à se livrer à une pratique aussi facile et peu dispendieuse ? V.***

j'ai éprouvé dans le cours de la maladie de ce petit troupeau, qu'il convient de conseiller aux propriétaires, outre l'exactitude du régime que vous avez indiqué, 1.° de n'employer pour l'inoculation, autant qu'il sera possible, que de la matière purulente et limpide (1).

En second lieu, de ne pas manquer de visiter leurs Bêtes trois à quatre jours au plus tard après qu'ils auront opéré l'inoculation, afin de la réitérer de suite sur toutes celles qui ne présenteraient pas un travail claveleux bien prononcé ; et comme il y a des Bêtes extraordinaires par leur peu d'ap-

---

(1) On obtiendra le même effet avec la matière sèche ; mais il faut la délayer et lui rendre sa forme liquide et purulente pour que les vaisseaux absorbans de la peau puissent l'absorber, et inoculer le reste du troupeau, avant l'époque de la dessiccation des pustules des premières bêtes infectées.

M. *Jouvencel* peut se flatter, que sans l'excellent régime et les soins assidus et éclairés qu'il a donnés à son petit troupeau, la seconde invasion ou bouffée de la clavelée n'ayant pu être prévenue par l'inoculation sur la totalité de ses bêtes, il en aurait perdu plusieurs. Pour en être convaincu, il suffirait de comparer ces résultats avec ceux des fermiers, ses voisins, dont les troupeaux sont ou ont été infectés du claveau, et qui se sont conduits d'après les préjugés de la routine ordinaire. V.***

titude à contracter la maladie , et qui cependant ne l'ont pas moins maligne que les autres quand elles en sont atteintes , il sera bien qu'ils répètent l'opération avec constance de quatre jours en quatre jours , jusqu'à ce qu'ils puissent avoir acquis une presque certitude qu'elles ne doivent point l'avoir: par ce moyen , on évitera les retards et pertes de temps ; quelques jours de plus ou de moins sont beaucoup quand il s'agit de prévenir l'action du claveau naturel , et d'ailleurs ils auront la satis-faction d'être plutôt débarrassés de cette hideuse maladie.

Note de M. *Voisin*.

Les détails contenus dans le Mémoire de M. *Jouvencel*, donnent une nouvelle preuve de ce qui a été dit dans le Rapport : c'est que plus le travail local de la clavelisation est prononcé , moins on a à craindre d'éruption générale. On court les risques d'inoculer en vain, si on se borne à faire une ou deux piqûres. On pense qu'il est inutile de recommander d'en faire au moins quatre , deux à chaque défaut des épaules. »

Il serait aussi d'une sage précaution de n'employer que la matière extraite sur des bêtes clavelisées , ou ayant le claveau naturel bénin.

Le grand avantage , en pratiquant la clavelisation , c'est de prévenir la seconde bouffée : or, dans un troupeau, c'est quand les pustules des premières bêtes infectées sont desséchées et commencent à tomber en écailles ou en poussière, que l'infection se communique aux autres; ensuite il se passe environ cinq, six ou huit jours entre l'infection et l'invasion; puis il y a tout lieu de croire qu'une bête déjà infectée, quoique ne paraissant pas malade, n'est plus accessible à l'inoculation. Ce sont ces considérations qui expliquent les différences remarquées sur le petit troupeau de M. *Jouvencel.*

C'est entre le sixième et le douzième jour de l'éruption claveleuse, que les pustules fournissent de la matière puriforme et limpide; c'est donc à cette époque qu'il faut l'extraire.

www.ingramcontent.com/pod-product-compliance
Lightning Source LLC
LaVergne TN
LVHW021808060726
842528LV00003B/1210